温暖化、どうしておきる？

著/**保坂直紀**（サイエンスライター・気象予報士）　編/こどもくらぶ

岩崎書店

巻頭特集

石油や石炭をつかって発電する火力発電は、大量の二酸化炭素を出している。
> 31ページ

Q クイズ 2〜5ページの写真には

植物は二酸化炭素を吸収し、たくわえている。しかし、世界では森林が切りひらかれ、減少している。
> 26ページ

石油（ガソリン）を燃料とする自動車の排ガスには二酸化炭素がふくまれる。

▶ 30ページ

共通点がある。それは、何？

石油は、ほりだしてつかえるようにするまでに大量のエネルギーをつかう。

▶ 29ページ

水田や湿地では温室効果の高いメタンが発生する。
> 35ページ

A 答え 2〜5ページの写真は、地球温暖化を関連する内容が >○○ページ にあるよ。

牛やヒツジなどのげっぷにもメタンがふくまれている。
> 34、35ページ

巻頭特集

天然ガスは、ほりだすときにメタンがもれだすことがあるほか、つかえるようにするまでに大量のエネルギーをつかう。

> 29ページ

もたらす、温室効果ガスをふやしているもの。

ゴミをもやすと、大量の二酸化炭素が出る。

> 34ページ

はじめに

　今、地球温暖化が世界的な問題になっています。地球の気温が上がってきているのです。

　気温が上がれば、あたたかくなってくらしやすくなるとはかぎりません。日本の夏はいっそうむしあつくなって、くらしにくくなる可能性があります。気温がかわるだけでなく、はげしい雨がふることも多くなり、災害がもっとたくさんおきるかもしれません。

　地球温暖化により、海面の高さは上がると考えられています。小さな島は海の水をかぶり、もうそこでは生活できなくなるのではないかと心配されています。

　地球温暖化をひきおこしているのは、わたしたちです。わたしたちは、便利な生活をするために、石油をもやして電気をつくったり、ガソリンをつかって自動車を走らせたりしています。そのとき出る排ガスに、二酸化炭素という気体がふくまれています。この二酸化炭素が大気のなかにふえ、それが原因で現在の地球温暖化がおきているのです。

　わたしたちが日本で出している二酸化炭素は、日本でだけ温暖化をひきおこしているのではありません。地球全体の温暖化の原因になっています。ほかの国についても、同じことです。だからこそ、地球温暖化は、世界中で考えていかなければならない問題なのです。

　わたしたちがこの問題を考えるとき、たよりになるのは、地球温暖化についての正確な知識です。地球温暖化は、どのようにしてお

さるのか。なぜ石油をもやすことが地球温暖化をひきおこすのか。将来も地球温暖化は進みつづけるのか。地球温暖化で、日びの天気はどうかわっていくのか。どうやって地球温暖化をふせいでいけばよいのか。

今の日本の社会では、この先どのような世の中にしていくのかを、みんなで考えて決めています。一人ひとりが、自分の考え方に近い人を選挙でえらび、えらばれた人がみんなの代表として、これからの世の中を決めていくのです。

ですから、地球温暖化についても、これからどうしていけばよいかを、一人ひとりが、きちんと考えられるようになってほしいのです。そのときに役立つ正確な知識をおつたえしたくて、この本を書きました。

第1巻では、今どれくらい地球温暖化が進んでいるのか、その原因となる二酸化炭素はどこからくるのかといった、現状の説明と地球温暖化のしくみについて書きました。

第2巻では、この先、地球温暖化はどれくらい進むのか、それにともない、どのようなことがおきるのかという、将来の予測と影響をあつかっています。

第3巻には、地球温暖化をふせぐとりくみについて書きました。

みなさんの役に立つと思うことは、少しむずかしいことでもとりあげました。それを、できるだけわかりやすく書いたので、この本で学んだ知識をもとに、これからの地球のことを、ぜひいっしょに考えていきましょう。

サイエンスライター・気象予報士　**保坂直紀**

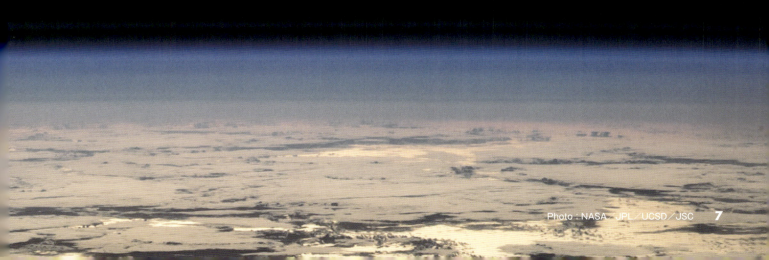

Photo：NASA／JPL／UCSD／JSC

もくじ

巻頭特集 2

はじめに 6

この本のつかい方 9

01 地球があたたまっている 10

02 太陽が地球をあたためている 12

03 大気と海が熱をはこぶ 14

04 二酸化炭素が地球をあたためる 16

05 温室効果って、何？ 18

もっと知りたい 二酸化炭素が熱を吸収するしくみ 20

06 二酸化炭素はふえている 22

07 二酸化炭素はどこからきたのか 24

08 森林の役割 26

09 化石燃料は生き物からできた 28

10 化石燃料と地球温暖化 30

もっと知りたい もしも二酸化炭素がなかったら 32

11 メタンや水蒸気も温室効果ガス 34

12 地球温暖化と深層海流 36

13 海もあたたまっている 38

14 もう1つの地球 40

15 気候に影響をあたえる「つぶ」がある？ 42

もっと知りたい 気候のジャンプ 44

さくいん 46

この本のつかい方

この本は、見開きごとに1つのテーマを考えていくようになっています。

- この本のなかでのテーマごとの通し番号です。
- 各テーマのもっとも重要なポイントです。
- 見開きページのなかであつかっている内容を短く紹介しています。
- 本文に関連する写真や、理解を助ける図版をなるべく大きくのせています。
- 文中で紫色になっていることばをくわしく解説しています。
- 少しむずかしいことばなどを解説。このページの理解を助けます。

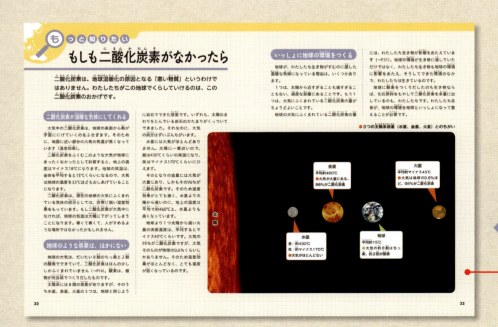

- 本文の内容を理解するために、知っておくとよい内容をとりあげています。

北極海では、温暖化により氷がとけて、ホッキョクグマの生息地がへっている。

01 地球があたたまっている

今、地球はあたたまりつづけています。「地球温暖化」という現象がおきているのです。この先も、さらにあたかくなっていくと考えられています。

🌐 100年間に0.7℃ずつ気温が上昇

1900年代のはじめころにくらべて、地球の気温は今、ずいぶん高くなってきています。地球の平均気温は、100年間に0.7℃くらいのはやさで上がってきているのです。日本の平均気温は、それよりはやい100年間に1.1℃というペースで上がっています。

このように、地球がどんどんあたたかくなってきたのは、1800年代に入ったころからです。それまでにも、地球にはあたたかい時期と寒い時期がありましたが、一方的にあたたかくなってきたのは、ここ200年くらいのことなのです。

地球が急にあたたかくなっているこの現象を、「地球温暖化」といいます。

東京が宮崎になる？

　世界の科学者たちは、これからも地球温暖化はつづくと予測しています。2100年ごろまでの100年間で、地球の気温は4℃くらい上がってしまうかもしれません。

　100年間で4℃というと、たいした変化ではないと思うかもしれませんね。ですが、そうではありません。

　たとえば、現在、東京の1年間の平均気温は15.4℃、九州の宮崎は17.4℃で、その差は2℃です。宮崎といえば、毎年2月になるとたくさんのプロ野球選手たちがやってきて、その年の練習をはじめるところです。冬なのにあたたかいからです。このはやさで地球温暖化がつづくと、東京の気温は、あと50年くらいで、この宮崎の気温になってしまうということです。

　これほど急に地球の気温が上がっているのは、これまでにないことなのです。

変化するのは気温だけではない

　地球温暖化がおきると、気温だけではなく、さまざまな気象に影響が出ます。雨のふり方がはげしくなったり、強い台風がふえたりすると考えられています。

　また、植物や昆虫などは、気温のちがいに敏感に反応します。

　たとえば、いまリンゴの生産に適している地域が、地球温暖化で気温が上がり、将来はそこでリンゴを育てられなくなるかもしれません。米の生産地がかわってしまう可能性もあります。おじいさん、ひいおじいさんのころからリンゴや米をつくってきた農家にとっては大問題です。

　あたたかい地域にいる害虫が、これまでは寒くて生きのびられなかった北の地域に広がってくるかもしれません。

宮崎 17.4℃　東京 15.4℃

温暖化の影響で、極端な豪雨がふえている。

02 太陽が地球をあたためている

地球をあたためているのは、太陽からやってくる光のエネルギーです。あたたまった地球は、宇宙に熱をにがしています。
入ってくるエネルギーと出ていくエネルギーが
同じ量になるように、地球の気温は決まっています。

 ## 太陽からくるエネルギー

地球は、1億5000万kmのかなたにある太陽からくる光を、つねに受けています。よく晴れた日に日かげから日なたに出ると、太陽の光が体にあたって、とてもあつく感じます。このような強いエネルギーで地球はあたためられているのです。

正午のころの太陽は、わたしたちを高い位置から強い光でてらします。夕方になると、太陽はななめの低いところからてらすようになり、光が弱まります。

これと同じで、太陽が高い位置からさすことの多い赤道の近くでは光が強く、太陽がななめからさす北極や南極の近くでは、弱い光になっています。赤道近くの地域はあつく、赤道からはなれると気温が低くなるのは、太陽から受ける光のエネルギーの量がちがうからです。

●太陽からとどく熱のちがい

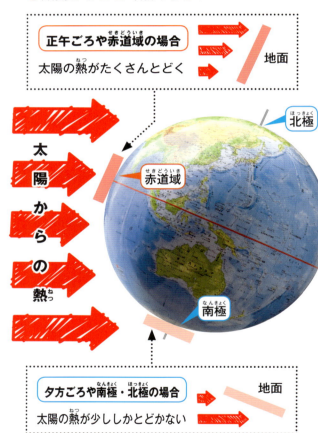

正午ごろや赤道域の場合
太陽の熱がたくさんとどく
地面

夕方ごろや南極・北極の場合
太陽の熱が少ししかとどかない
地面

太陽からくるエネルギー

太陽からくる光のエネルギーは、1平方mあたり1370ワットにもなります。「ワット（W）」というのは、エネルギーの強さをあらわす単位です。天井につける家庭用の電灯は、8畳用で40ワットくらいの電気をつかいます。ですから、わずか1m四方をてらす太陽光のエネルギーで、30以上もの部屋を明るくすることができるのです。

地球は宇宙に熱を放出している

　地球が太陽からエネルギーをもらいつづけるだけだと、地球の気温はどんどん上がっていくはずです。そうなっていないのは、地球が宇宙に熱をにがしているからです。

　熱をもった物体には、その物体があつければあついほど、たくさんの熱を放出する性質があります。今、地球が太陽であたためられて、温度が上がったとしましょう。すると、地球は、よりたくさんの熱を宇宙に放出することになります。その結果、地球の温度は下がります。温度が下がれば放出する熱はへるので、太陽からの熱のほうが多くなり、また地球はあたためられることになります。こうして、太陽から入ってくる熱と地球が宇宙ににがす熱とがつりあい、地球の気温は一定になるのです。

　このようなしくみで、現在、地球の平均気温は15℃くらいにたもたれています。

地上から約400km上空の宇宙空間にある国際宇宙ステーションから撮影された、地球（下）と太陽。

 ## 地球温暖化で上がるのは地上の気温

　山に登ると、ふもとであつくても、頂上までいくと空気がひんやりしていることがあります。高いところへいくほど、気温は下がるからです。

　ところが、これは高度が11kmくらいまでの話で、それより上では、高くなればなるほど気温は上がります。この傾向は、高度50kmくらいまでつづきます。これは、大気の成分である「オゾン」が太陽からくる紫外線を吸収して、大気の温度を上げるからです。

　地上から高度11kmくらいまでを「対流圏」、そこから50kmくらいまでを「成層圏」といいます（→P47）。地球温暖化で気温が上がるのは対流圏で、成層圏の気温は逆に低くなります。地球温暖化で気温の話をするときは、ほとんどが陸や海のすぐ上の気温をさしています。これを「地上気温」といいます。

▶ **大気** 地球の重力にひっぱられて、地球をつつみこむようにおおっている気体。いろいろな種類の気体がまじってできている。地表に近い部分を空気という。「大気」「空気」ということばは、あまりはっきりと区別しないでつかわれることもある。

▶ **オゾン** 地球をとりまく大気に、ごくわずかにふくまれている気体。太陽からくる有害な紫外線を吸収する性質がある。高度25kmのあたりに、オゾンが多くふくまれている「オゾン層」がある。

▶ **紫外線** 太陽からくる光の一種。太陽の光をあびると、はだが黒くなったり、赤くなってヒリヒリしたりするのは、この紫外線が原因だ。

Photo : NASA

03 大気と海が熱をはこぶ

地球をてらす太陽の光は赤道付近が強いので、そのままでは赤道のあたりばかりがあつくなってしまいます。その熱を地球全体にはこんで適度な気温にしてくれるのが、大気と海の流れです。

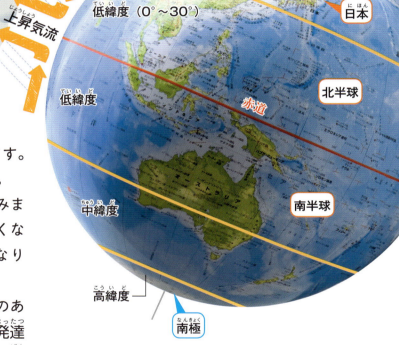

あたたかい空気は上昇する

　地球をとりまく大気は動いています。その原動力は、熱のエネルギーです。

　空気は、あたためられるとふくらみます。ふくらんだ空気はうすまって軽くなります。それが大気を動かす力になります。

　ギラギラした太陽にてらされた夏のあつい日、夕方になると急に入道雲が発達して夕立になることがあります。この現象も、空気と熱の関係で説明できます。

　太陽の光で地面があたたまると、その熱がすぐ上の空気につたわって気温が上がります。すると空気はふくらんで軽くなり、上昇します。いきおいよく空の高いところまで上昇すると、そこでひやされて、空気にふくまれていた水蒸気は水や氷になります。それが雨としてふってくるのです。

砂漠が赤道付近にできないわけ

砂漠が赤道からはなれた場所にできるのは、大気の流れと関係があります。空気は上昇するとひやされて雨がふりやすくなり、逆に、おりてくる空気は乾燥しています。そのため、土地が乾燥しやすいのは、太陽の光が強くて空気が上昇する赤道付近ではなく、空気がおりてくる緯度20～30度のあたりです。アフリカのサハラ砂漠やカラハリ砂漠、オーストラリアの中部に広がる砂漠などが、その例です。

🌐 大気の流れが熱をはこぶ

赤道の近くでは、強い太陽の光で地面や海面があたためられ、その熱で空気の温度も高くなります。すると、空気は上昇して北半球では北へ、南半球では南へ向かって、少し赤道からはなれた場所で下りてきます。赤道の近くの熱が、大気の流れによって、赤道から少しはなれたところにはこばれたわけです。

このような大気の上昇と下降は、赤道の近くだけでなく、中緯度でも、南極や北極に近い高緯度でもおきています。

これらの大気の流れが、熱を南北にはこんでいます。もしこの流れがなければ、低緯度の熱がなかなか地球全体にいきわたらず、赤道の近くは今よりもっとあつく、中緯度や高緯度の地域は今よりもっと寒くなってしまいます。

● 世界のおもな海流

🌐 海も熱をはこぶ

海流も地球の熱をはこびます。

日本列島の南の沖には、黒潮という強い海流が北向きに流れています。黒潮付近の海面は水温が高いので、近くを黒潮が流れる海岸ぞいの地域は温暖な気候です。黒潮が、熱をはこんできているのです。北極に近いノルウェーという国が、比較的あたたかい気候なのも、大西洋を北向きに流れる北大西洋海流が南から熱をはこんでくるためです。

水は、空気より多くの熱をたくわえられる性質があるので、いったんあたたかくなった海水は、たくさんの熱をはこぶことができます。海の流れは、大気の流れと同じくらいの量の熱を、地球全体にはこんでいると考えられています。

➡ **海流** いつも一定の向きに動いている海の流れのこと。北太平洋の西のはしを流れる「黒潮」や、北大西洋の西のはしを流れる「湾流」は、とくに強い海流だ。

15

04 二酸化炭素が地球をあたためる

近年の地球温暖化は、大気中にふくまれる「二酸化炭素（CO$_2$→P20）」の増加が原因でおきていると考えられています。太陽の光が強くなっているわけではありません。

宇宙からみた地球。宇宙と空のさかいははっきりとは決まっていない。
Photo：NASA

地球温暖化は大気の問題

地球をあたためているのは、太陽からくる光のエネルギーです。ですから、もし太陽の光が強くなれば、地球の気温は上がります。

しかし、太陽光の強さは、ここ何万年もほとんどかわっていません。それなのに、ここ200年くらい、地球の気温は上がりつづけているのです。

現在の地球温暖化の原因は、大気にあります。太陽に原因があるのではありません。大気の成分が、昔とはちがってきていることが原因なのです。

地球の大気

地球の大気は、いろいろな種類の気体がまじりあってできています。一番多いのは「ちっ素」で、全体の体積の78％をしめます。次に多いのが「酸素」で、全体の21％です。地表から高度80kmくらいまで、その割合はほとんどかわりません。この2種類で、地球の大気のほとんどができているのです。

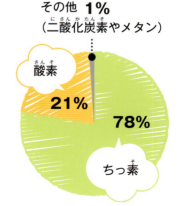

水蒸気は重要な成分

　ちっ素と酸素のほかは、いずれも大気にほんの少しだけふくまれている気体です。そのなかでも多いのが水蒸気です。全体の1〜3％くらいです。

　水蒸気は、場所や時期によって量がかわりやすいので、大気の成分をいいあらわすときには、ふつうはのぞいて考えます。

　やかんの水を火にかけると、水は火の熱を吸収して水蒸気になります。つまり、液体の水が水蒸気になるとき、熱を吸収するのです。逆に水蒸気が水にもどるときは、その熱をまわりに放出します。

　海では、海面から水が蒸発して水蒸気になり、その水蒸気が上空で水にもどって雨になります。そのとき、熱を海面から吸収したり大気に放出したりするので、水蒸気は地球上のいろいろな場所に熱をはこんでいることになります。大気中の水蒸気は、地球の気候にとって、とても重要な成分なのです。

水蒸気は目にみえない。湯気や雲は、水蒸気がひえてつぶになり、目にみえるようになったもの。

あたたかい海では海面からさかんに水が蒸発し、上空でひやされて雲になる。

▶ **水蒸気**　水は0℃以下では固体になり、100℃以上だとすべてが気体になる。固体の水を氷といい、気体になった水を水蒸気という。水は、100℃にならなくても水面から蒸発して、空気中の水蒸気になる。

天気と気候

　気候とは、長いあいだ平均してみたときの大気の状態をいうことば。数か月、数年、数十年、数万年など、目的に応じていろいろな長さの期間を平均して考える。

　それに対して、「天気」はある時点での大気の状態をいう。「今日は晴れ」「昨日は雪がふった」というのは天気。地球温暖化は、数十年、数百年の時間の長さで変化していく現象なので、「気候」の変化だ。

ほんの少しの二酸化炭素

　二酸化炭素は、地球の大気に0.04％くらいしかふくまれていませんが、地球温暖化をもたらす原因になっている成分です。「温室効果（→P18）」というはたらきによって、地球の熱が宇宙ににげないようにしているのです。ここ200年くらいで二酸化炭素が大気中にふえてきていて、それが最近の地球温暖化をもたらしていると考えられています。

05 温室効果って、何？

二酸化炭素が大気をあたためるしくみを「温室効果」といいます。地球の熱が宇宙へにげないように、まるで毛布のように地球を保温するのです。これが地球温暖化のしくみです。

 ## 「可視光」と「赤外線」

　光のなかまには、いろいろな種類があります。わたしたちの目で感じることができる光は、「可視光」とよばれています。空にできる虹は、赤や黄色、緑、紫など、いろいろな色に分かれています。これは、太陽からくる可視光が分かれてみえているものです。太陽からは、地球にいろいろな色の可視光がとどいています。

　目でみえない光のなかまもあります。バーベキューで炭をつかって肉をやくとき、赤くなった炭から炎が出ていなくても、肉はちゃんとやけます。これは、炭が「赤外線」を出しているからです。赤外線が熱のエネルギーを肉につたえているのです。

虹は、太陽の光がいろいろな色に分かれてみえたもの。

 ## 太陽の光が陸や海をあたためる

　太陽から地球にくるエネルギーのほとんどは、可視光としてとどいています。地球の大気は、可視光をほとんど吸収しません。つまり、太陽から地球にやってきた光は、大気をそのまま通して地表にとどき、陸や海の表面をあたためるのです。

　あたたかくなった地球の表面は、赤外線を出しています。地球表面の熱を、赤外線として宇宙に向けて放出しているのです。

炭の出す赤外線で肉がやける。

二酸化炭素は赤外線を吸収する

　大気中に少しだけまじっている二酸化炭素には、赤外線を吸収する性質があります。バーベキューで肉があつくなるように、二酸化炭素も地面からきた赤外線を吸収して、温度が上がります。

　こうして温度が上がった大気は、今度は地表に向かって赤外線を出します。そのため、地表に近い部分の気温が高くなるのです。

 ## 地球温暖化は、まるで温室？

　地球温暖化のしくみをまとめていうと、次のようになります。

　太陽からくる光は、大気をすどおりして地表をあたため❶、地表から宇宙ににげようとする熱は、大気中の二酸化炭素につかまえられてしまいます❷。つかまえられた熱の一部は、地表にもどってきます❸。こうして、まるで温室のなかのように、地球の大気はあたたまるのです。

　地表からにげる熱をとらえる大気の成分には、二酸化炭素のほかに水蒸気やメタンなどがあります（→P34）。これらの気体が大気をあたためるこのしくみを、「温室効果」といいます。温室効果をもたらす気体を、「温室効果気体」または「温室効果ガス」といいます。

●温室効果のイメージ図

太陽からくる光

熱の一部は宇宙ににげる

温室効果ガス

❶ ❷ ❸

温室効果ガスに吸収され、熱が地表にもどってくる

地表からでる赤外線

温室効果ガス

宇宙

大気中の温室効果ガスがふえると、地表にもどってくる熱が前よりも多くなり、地球の気温が上がる。

二酸化炭素が熱を吸収するしくみ

大気中の二酸化炭素（CO_2）は、地面から宇宙に出ていく赤外線を吸収します。そのしくみは、電子レンジでごはんをあたためたり、ガラスでできた温室があたたかかったりするのと、よくにています。

赤外線を吸収して振動がはげしくなる

二酸化炭素は、目にみえない小さな「炭素」というつぶが1つと、「酸素」というつぶが2つむすびついてできています。むすびついて、ブルブルと振動しています。二酸化炭素に赤外線があたると、そのエネルギーを吸収して振動がはげしくなります。そして温度が上がるのです。

二酸化炭素は「C（炭素）」「O（酸素）」という記号をつかって「CO_2」とも書きます。

温室効果は電子レンジのはたらきとにている

カップに入れた水を電子レンジであたためることを考えてみましょう。

水は、「酸素」というつぶが1つと「水素」というつぶが2つでできています。電子レンジは、光のなかまの「マイクロ波」を出す装置です。水はマイクロ波を吸収しやすいので、そのエネルギーを吸収して振動がはげしくなり、温度が上がります。ごはんを電子レンジであたためることができるのは、ごはんにふくまれている水分がマイクロ波を吸収してあたたかくなるからです。

赤外線やマイクロ波を吸収して、その物質の温度が上がるという点で、温室効果と電子レンジはにています。

●電子レンジのしくみ

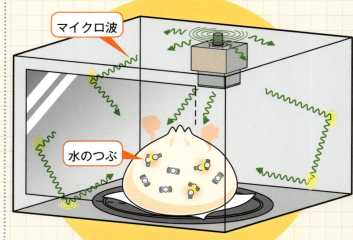

マイクロ波が水のつぶにエネルギーをあたえる

ガラスも赤外線を吸収する

　わたしたちの目にみえる「可視光」は、ガラスをすどおりします。ガラスは可視光をほとんど吸収しないのです。ガラスの向こう側にあるものがわたしたちの目にみえるのは、そのためです。

　一方で、ガラスには、赤外線を吸収する性質があります。ガラスに赤外線があたると、ガラスをつくっている小さなつぶは赤外線を吸収し、その振動がはげしくなるのです。

　大気は、太陽からの可視光をよく通し、地面から宇宙ににげようとする赤外線を吸収します。そして地上気温が上がります。可視光を通し、赤外線は吸収するという点で、ガラスと二酸化炭素はよくにています。そのため、二酸化炭素などの気体が大気をあたためるはたらきを、天井やかべがガラスでできた温室にたとえて、「温室効果」とよぶのです。

　ただし、温室のなかがあたたかいのは、あたたまった空気が外ににげていかないことも、大きな理由です。しかし、大気にはそのしくみはありません。そこが、温室効果と本物の温室とのちがいです。

ガラスによってつくられた温室で育てられる熱帯の植物。

ハワイのマウナロア観測所。アメリカの海洋大気局が運用している。

Photo：Mary Miller, Exploratorium

06 二酸化炭素はふえている

地球温暖化の原因となる大気中の二酸化炭素は、ここ50年くらいで急にふえています。ハワイにある観測所の観測データから明らかになりました。

 ## 昔から観測していた

二酸化炭素が地球の大気中でどのようにふえているかを知るには、同じ場所で長いあいだ観測をつづけることが必要です。

今、もっとも古くから二酸化炭素の濃度を観測しつづけているのは、ハワイのマウナ・ロアという火山にあるマウナロア観測所です。アメリカのスクリプス海洋研究所にいたチャールズ・デービッド・キーリング博士が、ここで1958年に観測をはじめました。

マウナロア観測所は太平洋のまんなかにあり、しかも、海抜約3400mの高い場所にたっています。そのため、都市のよごれた空気の影響や、ふもとが森林なのか都市なのかといった土地利用のちがいによる影響をほとんど受けません。地球の大気そのものの性質を、正確にはかることができるのです。

22

二酸化炭素は3割もふえた

大気中にふくまれている二酸化炭素の割合をしめすには、ふつう「ppm」という単位をつかいます。100万分のいくらになるのかをあらわす単位です。現在の二酸化炭素の割合は大気全体の約0.04％ですが、これをppmであらわすと400ppmになります。この二酸化炭素の割合、すなわち濃さを、二酸化炭素の「濃度」といいます。

キーリング博士がマウナロア観測所で観測をはじめた1960年ころ、二酸化炭素の濃度は315ppmくらいでした。それが、2017年には410ppmくらいにまでふえています（→P24）。大気中の二酸化炭素は、この60年ほどのあいだに3割もふえているのです。

昔の二酸化炭素濃度

もっと昔の二酸化炭素の濃度は、南極の氷を分析すればわかります。

南極大陸は、「氷床」とよばれる大規模な氷河でおおわれています。氷河は、ふりつもった雪が、自分の重さでおしかためられて氷になったものです。そのとき、雪のあいだにあった空気が氷のなかにとじこめられます。ですから、深いところの氷をほりだすと、その当時の大気の成分を調べることができるのです。

これまでに南極の氷床は、深さ3000mくらいまでほりだされています。これらは、70万年以上も前の氷です。これを調べた結果、1700年代の前半には、二酸化炭素の濃度は約280ppmだったことがわかりました。1700年代の後半から少しずつ濃度が上昇し、1900年代の後半になって、上昇するペースがはやまりました。

南極大陸の氷床からほりだされた氷を計測するアメリカの研究者。

Photo : Peter Rejcek/the National Science Foundation

07 二酸化炭素はどこからきたのか

二酸化炭素をつくる炭素は、わたしたちの体をつくっている炭素と同じものです。同じ炭素が、生き物の体になったり二酸化炭素になったりして、地球をめぐります。

植物の光合成

植物は、大気中の二酸化炭素をすい、それを材料にして栄養分や自分の体をつくりだします。そのとき、酸素をはきだします。このはたらきを「光合成」といいます。光合成をするには、光のエネルギーが必要です。太陽からくる光のうち、赤っぽい光と青っぽい光は光合成でつかわれるので、のこった緑色の光が植物の表面で反射します。それがわたしたちの目に入るので、植物は緑色にみえるのです。

植物は、動物と同じように、酸素をすって二酸化炭素を出す「呼吸」もしています。

●光合成のしくみ

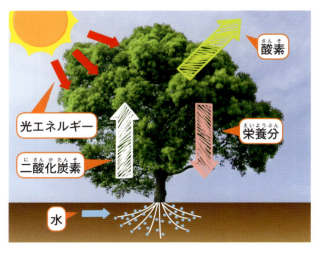

季節によって変化する

大気中の二酸化炭素の濃度は、季節によって変化します。植物が生長する夏には、大気中の二酸化炭素はへります。秋から冬にかけて植物がかれると、植物の体が分解されて二酸化炭素が出るので、大気中の二酸化炭素の濃度は冬から春にかけて高くなります。

地球は北半球に陸地が多く、したがって植物も北半球に多いので、二酸化炭素の増減は北半球で大きくなっています。それにくらべると、南半球は海が多くて植物が少ないので、増減の幅は小さめです。

ハワイにあるマウナロア観測所などの記録をみると、二酸化炭素の濃度は、1年のなかでこのように増減しながら、全体としては上昇をつづけていることがわかります。

●マウナロア観測所での二酸化炭素濃度

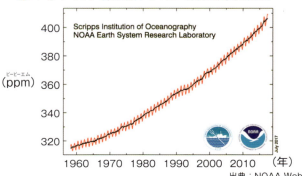

出典：NOAA Website

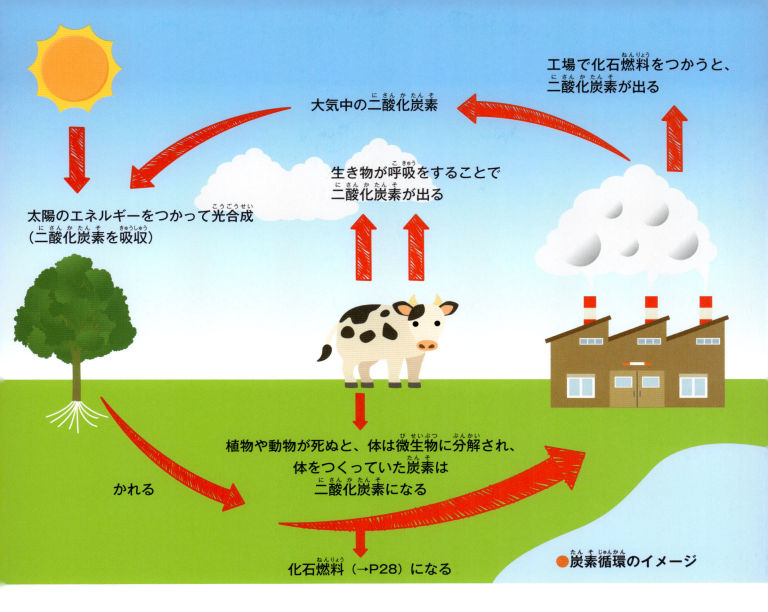

●炭素循環のイメージ

「炭素」は地球をめぐる

　二酸化炭素は、「炭素」というつぶが１つと、「酸素」というつぶが２つ、むすびついてできている物質です（→P20）。

　炭素は、地球上のさまざまな場所にあります。たとえば、わたしたちの体の重さの5分の１は炭素です。この炭素が中心になって、筋肉や内臓などができています。生き物の体をつくる、とても大切な物質といってよいでしょう。

　生きている植物は、大気中の二酸化炭素をつかって自分の体をつくります。その植物を動物が食べ、その動物をべつの動物が食べて、炭素は次つぎとうつっていきます。

　動物や植物が死ぬと、その体は最後には微生物によって分解されて（→P28、P29）、体をつくっていた炭素が二酸化炭素となって放出されます。

　こうして、炭素は何度も再利用されながら、地球の生き物や大気のあいだをめぐるのです。このように、炭素がかたちをかえながら地球をめぐることを「炭素循環」といいます。「循環」というのは、ひとまわりして元にもどることです。

08 森林の役割

森林には、地球温暖化の原因となる大気中の二酸化炭素を吸収して、ためこんでおくはたらきがあります。
現在、世界の森林はへってきています。二酸化炭素をためておく森林全体の力が弱ってきているともいえます。

南アメリカ大陸のアマゾン川流域には、世界最大といわれるほどの熱帯雨林が広がるが、開発などのためにどんどんへっている。

🌐 森林は二酸化炭素をためこむ

植物の体や、植物がたくわえている栄養分は、植物が光合成で二酸化炭素をつかってつくりだしたものです。これは、見方をかえると、大気中の二酸化炭素が植物に姿をかえて保存されていることになります。

したがって、木や下草などの植物がたくさんはえている森林は、多くの二酸化炭素をためこんでいるともいえるわけです。森林がたくさんあれば、そのぶんだけ、大気中の二酸化炭素は少なくなっているということです。

 森林はへっている

　世界の森林はへっています。国際連合の食糧農業機関によると、1990年から2015年までの25年間に、世界の森林面積は約3％へりました。これは、日本の面積の3.4倍にあたります。

　とくにへり方がはげしかったのは熱帯地域で、ブラジルなどの南アメリカや、アフリカの中央部、東南アジアで大きく減少しました。逆に、アジア中西部や北アメリカではふえています。

　森林がへる原因は、木を切ってつかったり、森林をこわして農業ができる土地にかえたりすることです。森林がふえるのは、木を植えて森をつくる植林がおもな原因です。

森林をとりもどすには時間がかかる

　森林の木を切ってもやして二酸化炭素が出ても、また木を植えて育てれば、その二酸化炭素を吸収してくれます。したがって、森林がへっていくはやさと、木が育って森林がふえていくはやさが同じならば、二酸化炭素の量はふえもへりもしないで、一定のはずです。二酸化炭素が原因となる地球温暖化にも、影響はないはずです。

　ところが、木を育てて大きくするには、長い時間がかかります。それに対して、木をもやしたり森林を切りひらいたりするのには、あまり時間がかかりません。実際に、木が育つはやさが森林をこわしていくはやさに追いつかず、森林はへっていっています。その結果、二酸化炭素を大気に出さずにためておく森林全体の力が、しだいに弱くなってきているのです。

　森林の破壊が地球温暖化にとって問題なのは、そのためです。

アマゾン（一部）の森林の衛星画像（2000、2012年）。緑色のところが森林だが、12年間で大きくへったことがみてとれる。

画像：NASA Earth Observatory

09 化石燃料は生き物からできた

石炭や石油などの「化石燃料」をもやすと、二酸化炭素が出ます。
それが大気中にふえて、地球温暖化をもたらしています。
化石燃料は、生き物からできました。

化石燃料は生き物の「化石」

約4億年前にいたといわれる生物、アンモナイトの化石。

遠い昔に死んだ生き物の体や、足あとや巣穴のような生活のしるしが、地中にうまってのこっているものを「化石」といいます。今はもうほろんでしまった恐竜や海中の動物、植物などが化石になっています。化石をみると、その生き物の体のようすや、生活のしかたがわかります。

長い年月のあいだに、やわらかかった動物の体が変化して、石のようにかたくなります。寒いシベリアでは、氷づけになったマンモスがみつかることがあります。氷をとかせば体はやわらかいので、「石」という感じはしませんが、これも化石の一種です。

石炭は、もともとは地球上にはえていた植物でした。石油は、植物や動物の死がいからできたと考えられています。いずれも、もとの生物からすっかりようすがかわってしまっているので、本当は化石ではありませんが、「昔の生き物からできた燃料」という意味で、「化石燃料」とよばれています。

石炭は植物がうまってできた

地球は、今から約46億年前に誕生しました。生物は、はじめはすべて海のなかにいましたが、4億数千万年前くらいになって、まず植物が、つづいて動物が陸にあがってきたと考えられています。

3億6000万年前から3億年前くらいにかけての時代には、陸上にシダの仲間がたくさんはえていました。木の高さが30mくらいにもなる「リンボク」は、広大な森林をつくっていたとみられています。

このような樹木がかれると、ふつうは微生物がとりついて、二酸化炭素と水に分解してしまいます。ところが、リンボクがしげっていたこの時代には、こうしたはたらきをする微生物がまだいませんでした。そのため、地面の下にうまった植物が、分解されることなく、地下の高い圧力と高温で石炭になりました。

石炭は「黒いダイヤモンド」とよばれ、石油がみつかる以前は主要な資源だった。

海底にうまっている石油をほりだす施設。

石油は黒っぽいどろっとした液体。

石油のもとも生き物

　海にいる動物や植物は、死ぬと海底にしずみます。その死がいを微生物が分解し、その上にどろなどがつもって、長い時間をかけて深くうまっていきます。

　すると、分解された死がいはどろのような物質に変化し、さらに地下の熱のはたらきで石油になります。石油は水より軽いので、少しずつ岩のすきまを上昇してきます。海底下に、それ以上は石油が上昇できない屋根のような岩があると、その下に石油が集まってきてたまります。わたしたちは、それをくみあげてつかっているのです。石油は、2億年前から5000万年前くらいにかけての地層で多くみつかっています。

　今、燃料としてつかわれている天然ガス

天然ガスの1つ、シェールガスをほりだす施設。

も、でき方は石油とほとんど同じです。途中からもえる液体に変化したのが石油で、もえる気体になったのが天然ガスです。

▶ **地層** 土砂が海底につもってかたまったもの。それまでと性質のちがう土砂が上からつもると、水平なさかい目ができる。これが何度もくりかえされ、層状になる。下の層ほど古い。陸上でも、火山灰などがつもってできることがある。

道路渋滞は温暖化の悪化をまねいていると考えられている。

⑩ 化石燃料と地球温暖化

わたしたちは、便利な生活をするために、石炭や石油などの化石燃料をたくさんつかっています。つかう量があまりに急にふえたことが、現在の地球温暖化の問題点です。

 炭素は地中に保管されている

植物は、光合成のはたらきで、大気中の二酸化炭素をつかって栄養分や自分の体をつくります。それを動物が食べて栄養にします。

食べ物や生き物の体には、「炭素（→P25）」がたくさんふくまれています。この炭素は、もともとは大気中の二酸化炭素だったことになります。

石炭や石油などの化石燃料は、植物や動物の体が地中にうまってできたものです。ですから、生き物の体にふくまれていた炭素が、石炭や石油などにかたちをかえて地下で保管されていると考えることができます。

🌐 ほりだした化石燃料をつかうと？

大気中の二酸化炭素は、光合成によって植物の体にとりこまれ、その栄養分を動物が食べて利用すると、二酸化炭素が出てきます。わたしたちがはく息にふくまれている二酸化炭素は、こうしてできたものです。植物がかれたり動物が死んだりしても、その体は分解されて二酸化炭素が出てきます。放出された二酸化炭素は、大気の一部になります。炭素はこうして地球をめぐります（→P25）。

もし、このように炭素が地球をめぐっているだけなら、大気中の二酸化炭素の量は、急にはあまりかわらないはずです。ところが、石炭や石油などをもやした場合は、そうではありません。これらの化石燃料は、地中にとじこめられている炭素です。ほりだしてつかわなければ、いつまでも地中にあったはずのものです。

わたしたちは、電気をつくる燃料にしたり、自動車を動かすガソリンをつくったりするために、化石燃料をほりだしてつかっています。化石燃料をもやせば、二酸化炭素ができます。地中からわざわざほりだして化石燃料をもやしたぶんだけ、大気中に新たに二酸化炭素がくわわってしまうのです。

火力発電では石油や天然ガス、石炭などをつかって発電する。

🌐 化石燃料のつかい方が急すぎる

地球が約46億年前に誕生してから現在まで、地球は何度もあたたかくなったり寒くなったりをくりかえしてきました。大気中の二酸化炭素も、多くなったり少なくなったりしました。このように、地球は、あまりひどい気候にならないよう、自分で自分を調節してきたのです。

ところが、それは、何万年、何億年というとても長い時間をかけて気候がかわった場合の話です。わたしたちが現在のようにたくさんの化石燃料をつかうようになったのは、せいぜいここ300年くらいのことです。石炭などをもやして動く機械が1700年代のなかごろからつかわれるようになったからです。

化石燃料ができるには、とても長い時間が必要です。それにくらべれば、300年は、一瞬といってよいくらいの短い時間です。地球が長い時間をかけてつくってきたものを、わたしたちは一瞬で大量につかっているのです。

これは、長い地球の歴史ではじめてのことです。このような急な変化に地球はたえられないと科学者たちは考えています。「大気中に二酸化炭素がふえても、地球が自然にすいこんで元にもどしてくれる」ということにはならないと考えているのです。

もっと知りたい
もしも二酸化炭素がなかったら

二酸化炭素は、地球温暖化の原因となる「悪い物質」というわけではありません。わたしたちがこの地球でくらしていけるのは、この二酸化炭素のおかげです。

二酸化炭素が温暖な気候にしてくれる

大気中の二酸化炭素は、地球の表面から熱が宇宙ににげていくのをふせぎます。そのために、地面に近い部分の大気の気温が高くなっています（温室効果）。

二酸化炭素をふくむこのような大気が地球にまったくなかったとして計算すると、地上の温度はマイナス18℃になります。地球の気温は、全体を平均すると15℃くらいになるので、大気は地球の温度を33℃ほどもおしあげていることになります。

二酸化炭素は、現在の地球の大気にふくまれている気体の成分としては、非常に強い温室効果をもっています。もし二酸化炭素が大気中になければ、地球の気温は大幅に下がってしまうことになります。寒くて寒くて、人がすめるような場所ではなかったかもしれません。

地球のような惑星は、ほかにない

地球の大気は、だいたい8割のちっ素と2割の酸素でできていて、二酸化炭素はほんの少ししかふくまれていません（→P16）。酸素は、植物が光合成でつくりだしたものです。

太陽系には8個の惑星がありますが、そのうち水星、金星、火星の3つは、地球と同じように岩石でできた惑星です。いずれも、太陽のまわりをとんでいる岩石のかたまりがくっついてできました。それなのに、大気の成分はずいぶんちがいます。

水星には大気がほとんどありません。太陽に一番近いので、昼は430℃くらいの高温になり、夜はマイナス170℃くらいにひえます。

そのとなりの金星には大気が大量にあり、しかもその96％が二酸化炭素です。そのため温室効果がとても強く、水星より太陽から遠いのに、地上の温度は平均で約460℃と、水星よりも高くなっています。

地球より1つ太陽から遠い火星の表面温度は、平均するとマイナス45℃くらいです。大気の95％が二酸化炭素ですが、大気そのものが地球の0.6％くらいしかありません。そのため温室効果がほとんどなく、とても温度が低くなっているのです。

太陽

いっしょに地球の環境をつくる

地球が、わたしたち生き物がすむのに適した温暖な気候になっている理由は、いくつかあります。

1つは、太陽から近すぎることも遠すぎることもない、適度な距離にあることです。もう1つは、大気にふくまれている二酸化炭素の量がちょうどよいことです。

地球の大気にふくまれている二酸化炭素の量には、わたしたち生き物が影響をあたえています（→P31）。地球の環境が生き物に適していただけではなく、わたしたち生き物も地球の環境に影響をあたえ、そうしてできた環境のなかで、わたしたちは生きているのです。

地球に酸素をつくりだしたのも生き物ならば、化石燃料をもやして二酸化炭素を多量に出しているのも、わたしたちです。わたしたち自身が、地球の環境を地球といっしょになって整えることが必要です。

●3つの太陽系惑星（水星、金星、火星）とのちがい

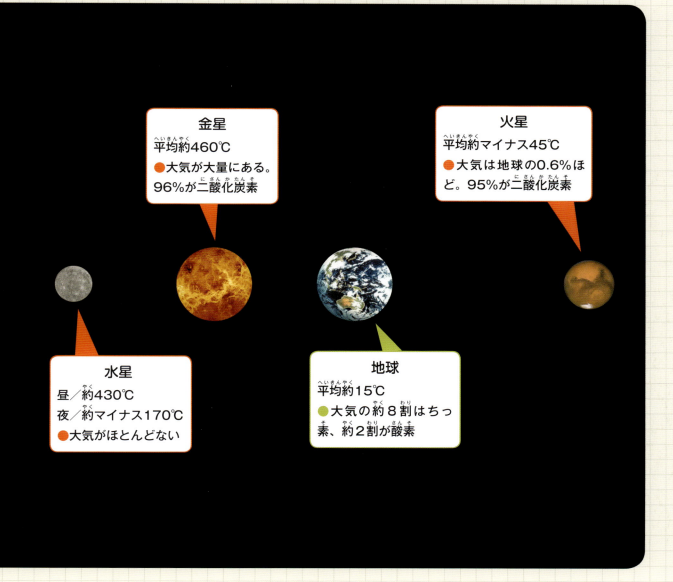

金星
平均約460℃
●大気が大量にある。96％が二酸化炭素

火星
平均約マイナス45℃
●大気は地球の0.6％ほど。95％が二酸化炭素

水星
昼／約430℃
夜／約マイナス170℃
●大気がほとんどない

地球
平均約15℃
●大気の約8割はちっ素、約2割が酸素

牛やヒツジなどのげっぷには多くのメタンがふくまれている。写真は、どのくらいメタンがふくまれているか計測しているところ。

写真：ロイター／アフロ

⑪ メタンや水蒸気も温室効果ガス

地球の大気には、二酸化炭素のほかにも、温室効果をもつ気体がふくまれています。温室効果がもっとも強い水蒸気は、人間の手でへらすことはなかなかできません。

温室効果をもつ いろいろな気体

　地球の大気にふくまれる温室効果をもつ気体には、二酸化炭素のほかに、水蒸気（→P17）やメタン、オゾンなどがあります。
　このうちで、もっとも温室効果が強いのは水蒸気です。地面からにげていこうとする熱を吸収する効果は、二酸化炭素の約2倍もあります。メタンやオゾンが地球の大気をあたためる効果は、いずれも二酸化炭素の4分の1くらいだと考えられています。

現代の社会では、大量のものが生産され、すてられてゴミとしてもやされている。そのとき二酸化炭素が発生する。

水蒸気はふつうは考えない

　大気中の水蒸気は、もっとも強い温室効果をもつ気体ですが、地球温暖化に影響をあたえる気体の話をするとき、ふつうは考えに入れません。地球温暖化をふせぐために水蒸気についてできることが、とてもわずかしかないからです。

　水は、地球をめぐります。海や陸の水が蒸発して水蒸気になり、それが上空でひえて雪や雨になります。雪どけ水や雨は川をつたって海に入ります。こうして水は地球をめぐっているのです。

　地表から蒸発する水の量は、海からの蒸発が8割以上をしめています。もちろん、陸で農業のために水をまけば、人間が水蒸気をふやしたことになります。しかし、海からの蒸発などの自然現象にくらべれば、人間が活動することによりふえる水蒸気の量は、とてもわずかだと考えられています。そこが、同じ温室効果ガスでも、二酸化炭素とちがっている点です。

● 地球をめぐる水のようす（水の循環）

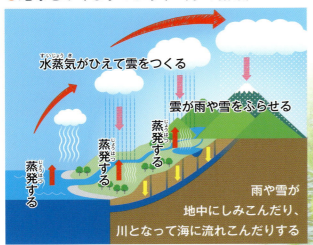

 ## メタン

　二酸化炭素の次に強い温室効果がある気体はメタンです。メタンは、燃料につかう天然ガスの主成分です。かれた植物が湿地や沼などで分解されるときも、メタンが発生します。動物のげっぷにも、メタンがふくまれています。

　メタンは、もやすと二酸化炭素が発生します。メタン自体に温室効果があり、もやして出る二酸化炭素も、また温室効果をもつのです。

　海底には、水とむすびついたメタンが、シャーベットのような状態でうまっている場所があります。このシャーベット状のメタンを「メタンハイドレート」といいます。これを海底から取りだして燃料にする方法が研究されています。このとき気体のメタンが発生し、大気中のメタンをふやして、さらに地球温暖化が進むのではないかと心配されています。

水田はメタンを発生させているものの1つ。

⑫ 地球温暖化と深層海流

海の深いところを、地球全体をめぐるようにして流れている海流があります。これを「深層海流」とよんでいます。深層海流は熱をはこぶので、気候と深い関係があります。

風がつくる海流

太平洋には、1年を通してみると、やや低緯度では東から西に風がふき、やや高緯度では西から東に風がふいています。この風が原因となって、海流（→P15）が生まれます。黒潮がその例です。黒潮は、流れのはやい部分では秒速2mにもなる、世界でもっとも強い海流です。

大西洋にも、同じようにして海流ができています。風でできる海流は、海の表面近くを流れています。

ひやされてできる深層海流

海流には、風がつくる海流のほかに、ひやされた海面の水がしずんでできる大規模な海流があります。

大西洋の北のほうにあるグリーンランドの近く（下の図の★）では、海面がつめたい大気でひやされます。すると、海水はつめたいほど重いので、海面近くの水がしずみ、そのまま大西洋の深いところを南極に向かいます。南極大陸の近くでは、そこでしずみこんだ海水といっしょになって、南極大陸のまわりをまわります。それが、インド洋や太平洋に流れこんで海面近くにうきあがり、大西洋にもどっていくと考えられています。

この海流は、おもに深いところを流れるので、「深層海流」とよばれています。地球をひとまわりしてもどってくるのに、1000年から2000年くらいかかるとみられています。風でできる海流にも深層海流にも、熱を地球全体にはこぶはたらきがあります。

● 深層海流のイメージ図

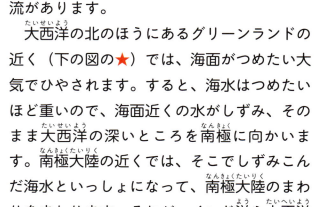

36

グリーンランドの氷河の一部がとけて海に流れこんでいる。

 ## 深層海流が弱まるとき

　海水はつめたいほど重いのですが、塩分も重さに関係しています。塩分の高いほうが重いのです。

　地球温暖化が進むと、陸地の氷河などがとけて真水が海に流れこみます。海の塩水より真水のほうが軽いので、流れこんだ真水は海の表面近くを広くおおい、塩分をうすめてしまいます。つまり、海の表面の水が軽くなってしまうのです。

　深層海流は、北大西洋などで海面の海水がひやされ、重くなってしずんでいくことで流れています。ところが、地球温暖化で海水がうすまり軽くなってしまっていると、ひやされてもあまり重くならず、しずみこみにくくなってしまうのです。深層海流が弱まってしまうかもしれないのです。

 ## 地球温暖化で寒くなる？

　深層海流が北大西洋の北のほうでしずみこむのは、海面がつめたい大気でひやされるからです。海の熱が、大気にうばわれているわけです。逆にいうと、大気は海から熱をもらってあたためられていることになります。ですから、地球温暖化で深層海流が弱まると、寒い地域の大気があたたまりにくくなります。

　今から1万年くらい前、ヨーロッパの気温が現在より5℃以上も低かった時期があります。このとき、深層海流が実際に弱まっていたと考えられています。

　このように、深層海流が弱まることは、現実にありえます。もし、地球温暖化で深層海流が弱まれば、ある地域が急に寒くなるかもしれません。

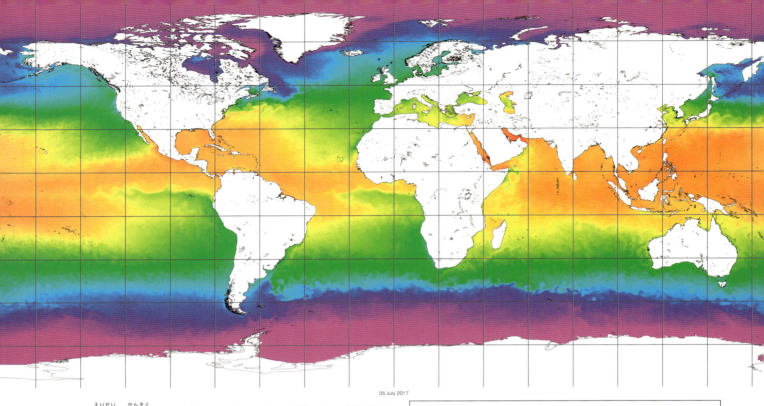

人工衛星の観測にもとづいてつくられた、地球の海の表面温度。
出典：NOAA Website

⑬ 海もあたたまっている

海には、大気にくらべて、あたたまりにくくさめにくい性質があります。大気がいったん海をあたためてしまえば、逆に、その熱が大気をあたためることにもなるのです。
海水の温度は実際に上がってきています。

🌐 海面の水温が上がっている

地球温暖化であたたまるのは、大気だけではありません。大気の温度が上がれば、その熱が海につたわって海水もあたたまります。

海水の温度を世界中できちんとはかるようになったのは、1950年ごろからです。1950年から2016年までの観測によると、海面の水温は100年あたり約0.8℃のはやさで上がっています。

海をあたためているのは大気です。ここ100年くらいの地球の平均気温は、100年あたり約0.7℃のはやさで上がっています。とくに、1980年ごろからは、陸上でも海の上でも100年あたり2℃をこえる、猛スピードで気温が上がっているところがたくさんあります。こうした急激な地球温暖化により、海の水温もどんどん上がっているのです。

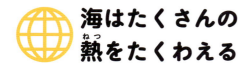 海はたくさんの熱をたくわえる

　水には、あたたまりにくく、いったんあたたまればさめにくい性質があります。

　たとえば、1gの水の温度を1℃上げるだけの熱があれば、同じ1gの空気の温度を4℃も上げることができます。逆にいうと、空気は、水の4分の1の量の熱で、同じだけ温度が上がってしまうわけです。

　もし、水の温度が1℃下がり、そのとき出てきた熱が空気をあたためたとすると、同じ重さの空気の温度は4℃も上がります。水は空気よりたくさんの熱をたくわえることができるので、少し温度がかわっただけで、空気の温度を大きくかえることになるのです。

　海と地球の大気についても、同じことがいえます。海水の温度が上がれば、そこには、たくさんの熱がたくわえられています。もし大気の温度が下がろうとしても、海からたくさんの熱が大気につたえられるので、気温はなかなか下がりません。海が一度あたたまってしまうと、地球温暖化は、なかなかとまらないのです。

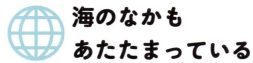 海のなかもあたたまっている

　海は、大気と接している海面だけでなく、その下の海水もあたたまっています。

　海面から水深700mまでの海水の水温は、1950年から2016年までのあいだに、世界中の平均で100年あたり約0.2℃上がっています。海面水温の約0.8℃より小さいのですが、これは、まず海面があたためられて、その熱がしだいに深いところへつたわっているからだと考えられています。

　現在の地球温暖化で、地球全体がたくわえている熱の量はふえています。その半分が海にたくわえられているとみられています。地球温暖化は、大気だけの現象ではありません。

気温の高い夏、海水浴で海水をつめたく心地よく感じるのは、水（海水）が空気とくらべてあたたまりにくい性質をもつからだ。

14 もう1つの地球

今から6億5000万年くらい前、地球は全部が氷におおわれていました。「スノーボール・アース」ともよばれています。地球は、ほんのちょっとしたきっかけで、こんな気候になってしまう可能性があります。

 ### 雪玉のような地球

現在の地球には、大陸の上を厚い氷がおおっている南極のような寒い地域がある一方で、1年を通じて気温が30℃近くあるような熱帯もあります。

ところが、今から約6億5000万年前は、地球の全体が氷におおわれていたと考えられています。赤道の周辺まで現在の南極になったような感じです。地球全体の平均気温は、マイナス40℃くらいだったようです。

もし、このときの地球を宇宙からながめたら、まっくらな宇宙に、まるで雪玉のような白い地球がうかんでいるようにみえたはずです。そのため、全体が氷でおおわれたこの地球を、「スノーボール・アース」とよんでいます。スノーボールは英語で「雪の玉」、アースは「地球」という意味です。

 ### どんどんひえていく

地球をあたためているのは、太陽からくる光のエネルギーです。地球が「スノーボール・アース」だったころ、太陽からの光が極端に弱かったわけではありません。それなのに、地球はどんどんひえていってしまったのです。

雪や氷は、太陽の光を反射します。そのため、何かのきっかけで地球の気温が下がり、氷でおおわれた部分の面積がふえると、地球が吸収できる光のエネルギーはへります。すると地球はじゅうぶんにあたためられなくなり、気温も下がります。そして、ますます氷はふえ、やがて地球全体が氷でおおわれてしまうのです。

逆に、氷がとけて地面が出てくると、地面は太陽からの光エネルギーを吸収しやすいので、どんどん地球はあたたまり、やがて、現在のような温暖な地球になります。

このように、太陽からくるエネルギーがかわらなくても、温暖な気候の地球と、氷にとざされたとても寒い地球の、2通りがありえるのです。

 二酸化炭素が関係している可能性

2通りの地球がうつりかわる原因として考えられているのは、大気にふくまれる二酸化炭素の量です。氷におおわれた地球でも、二酸化炭素がふえて温暖化すれば地面が出てきて、一気に温暖な地球にもどるかもしれません。逆に、二酸化炭素がへって温室効果がうすれてくれば、気温が少しずつ下がり、あるときをさかいに一気にスノーボール・アースになる可能性があります。

今のところ、スノーボール・アースになったり、そこから温暖な地球にもどったりするとき、二酸化炭素がどうしてふえたりへったりするのか、あるいは、本当に二酸化炭素が原因なのかは、よくわかっていません。

 地球の気候は急にかわるかもしれない

いずれにしても、地球の気候は、このように微妙な加減でがらりと大きくかわってしまう性質をもっています。

今、地球の大気には二酸化炭素がふえ、気温も上がってきています。ですが、気候はこのまま少しずつかわっていくとはかぎりません。あるとき急に、まるでべつの地球になってしまったかのように、とんでもない気候になるかもしれません。そのような性質を、地球はもともともっているのです。

地球全体が氷でおおわれたスノーボール・アースのイメージ図。提供：Science Photo Library／アフロ

15 気候に影響をあたえる「つぶ」がある?

大気中には、細かな粒子（つぶ）がたくさんういています。この「エーロゾル」が気温に影響します。

 ### 大気中をただよう細かいつぶ

　地球の大気には、液体や固体の細かいつぶがまじっています。大きさは、100万分の1mmくらいから10分の1mmくらいまでさまざまです。これを「エーロゾル」または「エアロゾル」といいます。

　エーロゾルは、いろいろな原因で発生します。1つは自然現象です。風で細かい砂がまいあがったり、海面にできたあわがはじけてとびちったりしてできます。火山の噴火で灰がまきあげられることもあります。

　このほか、人間が出す場合もあります。たとえば、工場や自動車が出すけむりや排ガスにふくまれています。

うちよせてくだけ、細かいしぶきとなる波。

中国の砂漠から風にのってはこばれてきた砂（黄砂）でかすんだ景色。

エーロゾルが夕焼けを いっそう赤くする

大規模な火山の噴火では、多量の火山灰やガスが高くふきあげられます。このうち、ガスの成分が変化してできる細かい硫酸のつぶは、高い高度の成層圏（→P13）をエーロゾルとして長いあいだ、ただよいつづけることがあります。このエーロゾルが多いところを太陽からくる夕日が通ると、エーロゾルにあたった赤い光がまきちらされて、いっそう赤くみえることがあります。

このように、太陽からの光や地面から出た赤外線がエーロゾルにぶつかると、そこでまきちらされたり吸収されたりして、大気の温度に影響をあたえます。影響のしかたは、エーロゾルの種類によってちがいます。

エーロゾル全体としては、地球の大気をつめたくする効果があると考えられています。

雲をつくる エーロゾル

大気がふくんでいられる水蒸気の量は、気温が低いほど少なくなります。大気が上昇していくと気温が下がり、その水蒸気を大気中にふくみきれなくなります。すると、水蒸気は水や氷になって大気中のエーロゾルにくっつき、そのまま小さな水や氷のつぶとして大気中をただよいます。これが「雲」です。このように雲ができるのは、大気が上昇したり下降したりする対流圏（→P13）に特有の現象です。

雲のつぶが集まって重くなると、雪や雨として落ちてきます。工場や自動車から出たエーロゾルはおもに対流圏にあるので、こうして数日くらいでなくなります。一方、火山の噴火などで成層圏にできたエーロゾルは、長いあいだそのまま大気中にとどまることになります。成層圏では大気が上昇しないので雲ができず、エーロゾルがなかなかあらいながされないからです。

エーロゾルの種類や量によって、できる雲の性質もかわります。エーロゾルは、このようにして雲をつくることで、やはり大気をひやす効果をもっていると考えられています。ただし、雲ができるしくみは複雑で、地球温暖化にどれくらい影響するかという点については、まだはっきりしていないことも多くあります。

噴火した桜島（鹿児島県）と、火山灰をかぶった車。

もっと知りたい
気候のジャンプ

地球の気候には、十数年から数十年くらいよくにた状態がつづき、あるとき急にべつの状態にうつってしまう性質があります。気候が急にかわるので、「気候のジャンプ」ともよばれています。

あつい夏とつめたい夏

夏はだいたいあついのですが、年によって、とくにあつい猛暑の夏もあれば、気温が低めの冷夏のときもあります。

このあつい夏と冷夏のあらわれ具合を、岩手県宮古市で観測した研究があります。その結果によると、1940年代と1950年代は、とてもあつい夏もあれば冷夏もあるという、年による変化のはげしい期間でした。ところが、1920年代から1930年代にかけてと、1960年代から1970年代にかけては、年による気温差が小さく、毎年同じような夏がおとずれていました。

このように、20年くらい安定した夏がつづくと、次の20年は変化がはげしく、また次の20年は安定した夏がつづくというように、気候の状態が20年くらいでくりかえしかわっていたのです。

● 宮古における夏（6〜8月）の平均気温の変化

（「気象研究ノート第189号」193ページのグラフを改変）

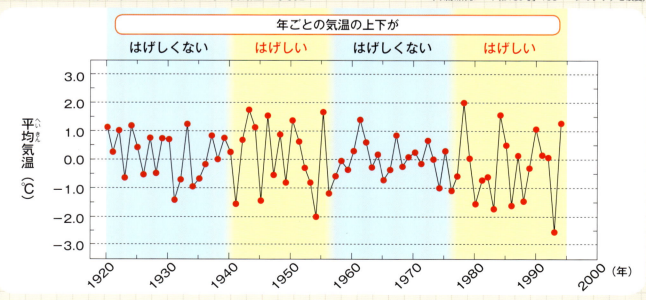

気候はジャンプする

　この20年ごとにやってきた気候のかわり目では、気候が少しずつかわっていくのではなく、急にべつの状態にかわってしまっています。まるで、ピョンとジャンプして、べつの場所にいってしまうかのようです。このような気候の状態の変化を、「気候のジャンプ」といいます。

　気候のジャンプは、岩手県宮古市の夏の気温だけではなく、たとえば北太平洋での冬の低気圧の発達の具合など、世界中のさまざまな気候でみることができます。

　大気と海は、おたがい影響しあっています。大気があたたまれば海面の水温も上がり、海面から蒸発していく水蒸気の量がふえれば、それがまた大気の状態をかえていきます。地球の気候は、大気と海が複雑に関係しあって決まっています。

　このような、十数年おき、あるいは数十年おきに、気候の状態がかわってそれをくりかえす現象は、地球の気候の決まり方がとても複雑であることと関係があります。

地球温暖化と気候のジャンプ

　地球温暖化は、大気中の二酸化炭素がふえていくのにともない、気温が少しずつ上がっていく現象です。ところが、左の「気候のジャンプ」ということばのように、地球の気候は、十数年から数十年くらいでようすがガラリとかわることがあります。この両方が重なって、実際の気候になっているのです。

　ですから、地球温暖化がじわじわと進行していても、気温が一定のはやさで上がりつづけるわけではありません。上がり方がはげしいときもあれば、あまり気温の上がらないこともあります。現在の地球温暖化は1950年ごろからはげしくなっていますが、1970年代には気温が少し下がり、「地球は寒冷化する」とさえいわれていました。

　地球の気候は、いろいろな原因でおきるさまざまな現象が重なってできています。地球温暖化の問題を考えるときは、短い期間でかわる現象にまどわされないことが大切です。

南極大陸にすむアデリーペンギン。アデリーペンギンは、数万年前におきた気候変動に適応して生きのびたと考えられている。

さくいん

あ行

エーロゾル ……………… 42, 43

オゾン ……………………… 13, 34

温室効果 ……………… 17, 18, 19, 20, 21, 32, 34, 35, 41

温室効果ガス ………… 5, 19, 34, 35

か行

海流 ……………………… 15, 36

火山灰 …………………… 29, 43

可視光 …………………… 18, 21

化石燃料 …………… 28, 30, 31, 33

火力発電 ………………… 2, 31

気候 …………… 17, 31, 32, 33, 36, 40, 41, 42, 44, 45

気候のジャンプ ………… 44, 45

光合成 …………… 24, 26, 30, 31, 32

ゴミ ……………………… 5, 34

さ行

酸素 … 16, 17, 20, 24, 25, 32, 33

紫外線 …………………………… 13

湿地 ……………………… 4, 35

深層海流 ………………… 36, 37

森林 …………… 2, 22, 26, 27

水蒸気 ………… 14, 17, 19, 34, 35, 43, 45

水素 ……………………………… 20

水田 ……………………… 4, 35

スノーボール・アース … 40, 41

成層圏 …………………… 13, 43

赤外線 …… 18, 19, 20, 21, 43

石炭 …………… 2, 28, 30, 31

石油 ………… 2, 3, 28, 29, 30, 31

た行

大気 …… 13, 14, 15, 16, 17, 18, 19, 20, 21, 22, 23, 24, 25, 26, 27, 28, 30, 31, 32, 33, 34, 35, 36, 37, 38, 39, 41, 42, 43, 45

太陽 …… 12, 13, 14, 15, 16, 18, 19, 21, 24, 32, 33, 40, 43

対流圏 …………………… 13, 43

炭素 ………… 20, 24, 25, 30, 31

炭素循環 ………………………… 25

地球温暖化（温暖化）............ 4, 10, 11, 13, 16, 17, 18, 19, 22, 26, 27, 28, 30, 32, 35, 36, 37, 38, 39, 41, 43, 45

地上気温............ 13, 21

地層............ 29

ちっ素............ 16, 17, 32

天気............ 17

電子レンジ............ 20

天然ガス............ 5, 29, 31, 35

な行

南極............ 12, 15, 23, 36, 40

二酸化炭素............ 2, 3, 5, 16, 17, 18, 19, 20, 21, 22, 23, 24, 25, 26, 27, 28, 30, 31, 32, 33, 34, 35, 41, 45

は行

排ガス............ 3, 42

北極............ 12, 15

ま行

マウナロア観測所............ 22, 23, 24

メタン............ 4, 5, 19, 34, 35

メタンハイドレート............ 35

● 大気圏のわけ方

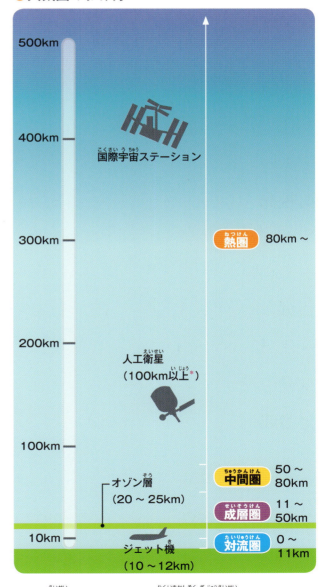

* 人工衛星の高度は、たとえば陸域観測技術衛星「だいち2号」が630km、気象衛星「ひまわり8号」が3万6000kmという。

47

■ 著
保坂　直紀（ほさか　なおき）
サイエンスライター。東京大学理学部地球物理学科卒。同大大学院で海洋物理学を専攻。博士課程を中退し、1985年に読売新聞社入社。科学報道の研究により、2010年に東京工業大学で博士（学術）を取得。2013年に読売新聞社を早期退職し、2017年まで東京大学海洋アライアンス上席主幹研究員。著書に『これは異常気象なのか？』（岩崎書店）、『海まるごと大研究』『謎解き・海洋と大気の物理』『謎解き・津波と波浪の物理』『子どもの疑問からはじまる宇宙の謎解き』（いずれも講談社）、『図解雑学 異常気象』（ナツメ社）など。気象予報士。

■ 編集・デザイン
こどもくらぶ（木矢恵梨子、矢野瑛子）
こどもくらぶは、あそび・教育・福祉の分野で、子どもに関する書籍を企画・編集しているエヌ・アンド・エス企画編集室の愛称。図書館用書籍として、年間100タイトル以上を企画・編集している。主な作品は、『知ろう！ 防ごう！ 自然災害』全3巻、『世界にほこる日本の先端科学技術』全4巻、『和の食文化　長く伝えよう！ 世界に広めよう！』全4巻（いずれも岩崎書店）など多数。
http://www.imajinsha.co.jp/

■ 制作
（株）エヌ・アンド・エス企画

■ 写真協力
NASA/Johns Hopkins University Applied Physics Laboratory/Carnegie Institution of Washington,
© NASA/SDO/Steele Hill,
© NASA, © NASA/Damian Peach,
© NASA/JPL/Space Science Institute,
© Anna Krivitskaia,
© Oleg Kozlov¦ Dreamstime.com
© corlaffra, © indochine,
© Leonid Eremeychuk,
© mtaira, © Nick Dale,
© pedarilhos, © P.Lack,
© setecastronomy,
© Tsuboya -Fotolia.com
© FloridaStock-shutterstock.com

この本の情報は、2017年7月までに調べたものです。今後変更になる可能性がありますので、ご了承ください。

やさしく解説 地球温暖化　①温暖化、どうしておきる？　　　　NDC451

| 2017年9月30日 | 第1刷発行 |
| 2022年1月15日 | 第5刷発行 |

著　　　保坂直紀
編　　　こどもくらぶ
発行者　小松崎敬子
発行所　株式会社 岩崎書店　〒112-0005　東京都文京区水道1-9-2
　　　　電話　03-3813-5526（編集）　03-3812-9131（営業）
　　　　振替　00170-5-96822
印刷所　株式会社 光陽メディア
製本所　株式会社 若林製本工場

©2017　Naoki HOSAKA
Published by IWASAKI Publishing Co., Ltd. Printed in Japan.
岩崎書店ホームページ　https://www.iwasakishoten.co.jp
ご意見、ご感想をお寄せ下さい。E-mail　info@iwasakishoten.co.jp
落丁本、乱丁本は送料小社負担でおとりかえいたします。
本書のコピー、スキャン、デジタル化等の無断複製は著作権法上での例外を除き禁じられています。本書を代行業者等の第三者に依頼してスキャンやデジタル化することは、たとえ個人や家庭内での利用であっても一切認められておりません。朗読や読み聞かせ動画の無断での配信も著作権法で禁じられています。
ご利用を希望される場合には、著作物利用の申請が必要となりますのでご注意ください。
「岩崎書店　著作物の利用について」https://www.iwasakishoten.co.jp/news/n10454.html

48p 29cm×22cm
ISBN978-4-265-08583-5

やさしく解説 地球温暖化（ちきゅうおんだんか）

著／**保坂直紀**（サイエンスライター・気象予報士）
編／こどもくらぶ

全3巻

1 温暖化、どうしておきる？

2 温暖化の今・未来

3 温暖化はとめられる？